NOTICE

SUR LES

EAUX MINÉRALES

FROIDES ET THERMALES

DE CHATEAUNEUF

(PUY-DE-DÔME);

Par le docteur NIVET.

CLERMONT,

THIBAUD-LANDRIOT Frères, Imprimeurs-Libraires,

Rue Saint-Genès, 10.

—

1845.

1846

NOTICE

SUR LES

EAUX MINÉRALES

DE CHATEAUNEUF [1].

Châteauneuf est situé dans la basse montagne, sur les bords de la Sioule, à 44 kilomètres nord-nord-ouest de la ville de Clermont-Ferrand. Le pays qui l'entoure est très-pittoresque : la température de son atmosphère est douce en comparaison de celle du Mont-d'Or, mais elle est moins chaude que celle de la Limagne.

Près des sources minérales, la rivière est profondément encaissée entre deux lignes de montagnes de nature différente. Sur la rive droite s'élèvent des escarpements porphyriques, tandis que, sur la rive gauche, le sol est formé par des granites.

---

[1] M. le docteur Pénissat, médecin-inspecteur des Eaux minérales de Châteauneuf, se propose de publier plus tard une série d'observations à l'appui des faits thérapeutiques consignés dans cette Notice.

Ces derniers terrains ayant été fortement chauffés durant l'éruption des roches plutoniques, leur texture a été profondément altérée ; aussi se laissent-ils facilement désagréger par l'action des eaux. Cette circonstance a probablement déterminé la direction et la forme de la vallée.

Du côté de l'est, les pentes abruptes sont couvertes de buis très-courts, d'éboulements ou de débris ; ailleurs se dressent des aiguilles et des pyramides de porphyre qui surplombent des gorges et des ravins effrayants, creusés par des ruisseaux torrentueux.

Du côté de l'ouest, les premiers étages des collines sont moins inclinés, et l'on y cultive des prairies et des céréales. Des allées d'arbres cotoient la rivière et offrent aux baigneurs d'agréables promenades.

Parmi les curiosités visitées par les touristes, nous devons signaler le Bout du Monde, le lac ou *gour* de Tazana, le bois de Saint-Bonnet et le bassin de Menat.

Les sources minérales de Châteauneuf sont fréquentées depuis un temps immémorial ; mais les renseignements que l'on possède sur leur histoire sont incomplets et incertains. Voilà ce que nous dit à cet égard le docteur Salneuve :

« Il existe peu de documents sur ces thermes qui sont, à n'en pas douter, d'origine ou de construction romaine ; aucune tradition ne fait savoir qu'ils aient été connus jadis, et pourtant en creusant une des piscines, on a trouvé des médailles ou des pièces de monnaie de fabrication romaine, provenant des colonies d'Aix et de Marseille. La découverte faite récemment de baignoires de brique parfaitement cimentées, prouve qu'ils ont été abandonnés après avoir été fréquentés pendant un temps plus ou moins long (1). »

Enregistrons maintenant des faits plus positifs; ils sont extraits d'un rapport adressé à M. le préfet, en 1814.

En l'an IV de la République française, un tremblement de terre fit disparaître la fontaine la plus chaude. Elle vint sourdre auprès de la rivière. Une somme de 212 fr. servit à réparer ce désastre. En l'an XIII, la commune ayant renoncé à faire valoir ses droits, la ferme fut adjugée au nom du gouvernement; son produit était alors de 150 fr. Il s'élevait à 425 fr. en 1808, à 450 fr. en 1811, et à 505 fr. en 1814 (2).

On voit, par ces chiffres, que, chaque année, le nombre des buveurs d'eau augmente, et cependant les chemins qui servent, dans plusieurs endroits, de lit aux torrents, sont déplorables. Ils sont tellement étroits, rapides et mal entretenus, qu'on ne peut arriver au village du Méritis qu'en litière ou à dos de

---

(1) Essai sur les eaux minérales de Châteauneuf, par H. Salneuve. Gannat, 1834. Page XII.

(2) Voyez, dans les pièces de la préfecture, le rapport de M. X.

mulet. Après avoir vaincu ces difficultés, les malades ont pour tout refuge trois ou quatre mauvaises auberges, où ils sont mal logés et mal nourris. Les piscines sont très-sales, et les deux sexes s'y baignent en commun.

En 1811, M. Chevarier réclame la possession des sources thermales les plus importantes. Ses prétentions sont reconnues légitimes, et il rentre bientôt dans les biens qu'il avait perdus par la négligence de ses tuteurs.

En 1810 et 11, M. Bertrand fait l'analyse de plusieurs sources. Peu de temps après, ce travail est repris et complété par Vallet, pharmacien à Paris. Enfin, MM. Lecoq et Salneuve se sont également occupés de l'examen chimique de ces eaux.

Pendant l'administration de M. Chevarier, l'état des lieux devient meilleur. Les piscines sont réparées, des établissements thermaux et des hôtels sont construits, et les baigneurs commencent à trouver, à Châteauneuf, le confortable qui leur est si nécessaire.

Depuis, une route a été faite; et l'on peut arriver en voiture jusqu'au hameau où sont placés les bains (1).

Les sources de Châteauneuf sont très-nombreuses. Nous en avons visité dix-sept en 1844. Les fontaines

---

(1) Il y a quelques années, les sources minérales de Châteauneuf ont été vendues, et les principaux établissements appartiennent aujourd'hui à quatre propriétaires différents.

chaudes et abondantes alimentent les piscines; les froides sont prises en boissons.

Nous allons indiquer la position de chacune d'elles, en signalant d'abord celles qui viennent sourdre sur le territoire du Chambon.

A. *Sources de Lacroix* (1) *et de la Garenne.*

Elles sont sur la rive droite et à une petite distance de la Sioule : la première à 50 et la seconde à 150 mètres au-dessous du village du Chambon. Un petit édifice, de forme demi-circulaire, reçoit la source de Lacroix.

La fontaine de la Garenne est au fond d'un puits rond, construit en pierres de taille.

Les eaux de ces deux sources sont abondantes, limpides et incolores, d'une saveur aigrelette, ferrugineuse et légèrement alcaline. Leur dépôt est rougeâtre, et des courants d'acide carbonique les font bouillonner.

B. *Territoire des Bordats.*

Cette localité est à un kilomètre nord du village du Chambon et sur la rive gauche de la rivière. On y observe les sources minérales suivantes :

1°. Source et bain de la Rotonde.

Un bâtiment quadrangulaire a remplacé l'ancien

---

(1) Cette source a été dédiée au docteur Pacros. (Salneuve.)

édifice de forme circulaire abattu il y a quelques années. Le bain actuel renferme un appartement voûté,
où se trouve une piscine de 335 centimètres de longueur et de 275 centimètres de largeur. Dans les
cabinets dépendants de cet établissement on a placé
des douches et des vestiaires.

L'eau de la piscine, vue en masse, est un peu
louche; elle est onctueuse au toucher, et sa saveur est
acidule et un peu plus alcaline. Sa température est
de +- 31°.

La source de la buvette est à côté de la piscine. Elle
communique, sans doute, avec celle du réservoir principal, car elle tarit lorsqu'on vide ce dernier.

2°. Bain du Petit-Rocher.

Il portait jadis le nom de Bain des galeux. Comme
il tombait en ruine, son propriétaire fit creuser, en
1833, une piscine nouvelle. Cette réparation a augmenté le volume et la température de la source minérale. Elle faisait monter le thermomètre à +- 18°;
aujourd'hui la colonne mercurielle atteint +- 31° centigrades. Le dégagement d'acide carbonique est plus
considérable et le dépôt plus ferrugineux que dans la piscine de la Rotonde. Le réservoir où l'on prend les bains
est carré, et les côtés ont 235 centimètres d'étendue.

3°. Source du Petit-Rocher.

Elle est très-près du bain précédent. Son eau est
transparente, acidule et très-gazeuse. Sa température est de +- 20°.

4°. Source Chevarier (1).

Elle sort au pied d'un rocher coupé à pic, et dont le point culminant est occupé par les ruines d'un cabinet qui renfermait jadis une seule baignoire. L'eau coule maintenant à plusieurs mètres au-dessous de cet ancien bain, et elle sert de buvette. Lorsqu'on agite ce liquide, il laisse dégager une odeur très-prononcée d'hydrogène sulfuré; il possède, en outre, les qualités acidules, ferrugineuses et légèrement salines des autres eaux minérales de la commune.

C. *Source du Moulin ou du Petit-Moulin.*

En suivant le cours de la Sioule, on arrive à une niche en maçonnerie destinée à recevoir un filet d'eau froide très-fréquenté par les buveurs. Cette source est à 700 mètres au-dessous des Bordats et à 300 au-dessus du Méritis. Les diverses fontaines de ces localités sont toutes sur la rive gauche de la Sioule.

D. *Quartier du Méritis.*

C'est au hameau du Méritis que jaillissent les sources et les plus abondantes et les plus chaudes. On y voit:

1°. Le Bain chaud ou Grand-Bain. Il occupe le rez-de-chaussée d'un bâtiment ayant la forme d'un carré long et auquel sont annexés, au nord et au midi, deux

---

(1) Cette fontaine alimentait autrefois la *baignoire du Rocher*.

pavillons renfermant, le premier, le bain Auguste; le second, un appareil pour les bains de vapeurs. La Sioule baigne les murs de cet édifice du côté de l'est.

Le réservoir principal est divisé en deux piscines séparées par une cloison en parpaing; l'une reçoit les hommes, et l'autre les femmes. Chaque piscine offre une longueur de 345 centimètres et une largeur de 175. Elle est revêtue intérieurement en bois. Le même appartement présente des vestiaires et des cabinets à douche. Deux autres cabinets sont munis de baignoires, mais l'eau ne pouvant point s'y renouveler, se refroidit très-vite.

L'eau du Grand-Bain, vue en masse, est un peu louche; sa saveur est acidule, légèrement alcaline et salée, et très-peu ferrugineuse. Sa température varie, suivant que la piscine est plus ou moins pleine, entre $+ 37°$ et $+ 38°$ centigrades.

2°. Le bain Auguste est derrière la piscine des femmes; il est alimenté par la source du Bain chaud qui servait autrefois de buvette. Comme l'eau de cette fontaine était souvent trouble, on a changé sa destination. Elle fait monter le thermomètre centigrade à $+ 32°$.

3°. Le Bain frais appartient à l'établissement Simon; il est situé au-dessous du Grand-Bain et à une distance plus considérable de la rivière. Sa température est de $+ 32°$. Il est séparé par un mur de refend de la piscine du Bain tempéré.

La source de ce dernier réservoir fait monter la colonne mercurielle à -+- 36 ou 37°. Les piscines de ces deux bains sont moins grandes que celles du Bain chaud.

4°. Un peu au-dessous du Bain tempéré, la fontaine de la Pyramide coule dans un petit bac couvert. Ses eaux sont moins froides que celles du Petit-Moulin.

E. *Hameau du Coin.*

A une petite distance de ce hameau, on a découvert, il y a quelques années, une nouvelle source. Elle a été dédiée au général Désaix. Un petit bassin, creusé au milieu des rochers, permet aux buveurs de puiser facilement à cette fontaine, dont l'eau est limpide, gazeuse, d'une saveur légèrement aigrelette, alcaline et ferrugineuse. De la matière organique verte et des carbonates de fer et de chaux se déposent sur les parois des rigoles arrosées par cette eau minérale.

Enfin, entre la fontaine Désaix et celle de la Pyramide, une autre source se fait jour au milieu des sables. Elle est submergée lorsque la Sioule est forte.

Propriétés physiques.

Toutes les eaux minérales de Châteauneuf présentent à peu près les mêmes qualités physiques. Elles sont incolores et limpides quand on les examine à la sortie du rocher; elles deviennent louches et prennent une teinte blanc-sale quand on les voit en masse.

Leur saveur est plus ou moins aigrelette, alcaline et ferrugineuse; leur goût est d'autant plus acidule qu'elles sont plus froides. Leur odeur est nulle en général; cependant les eaux du Grand-Bain, du bain Auguste et de la buvette de Chevarier, agitées fortement dans un verre à demi plein, laissent dégager une odeur très-sensible d'hydrogène sulfuré.

Les dépôts sont d'abord légers, onctueux et jaunâtres ou rougeâtres; mais à une certaine distance de la source ils présentent de minces croûtes de carbonate de chaux et de la matière organique verte (1).

Le volume des diverses fontaines est en raison directe de leur température et de la quantité d'acide carbonique qui les traverse. Les plus abondantes sont les sources du Grand-Bain, du Bain tempéré, du bain Julie, des bains de la Rotonde et du Petit-Rocher. Celles de Lacroix, de la Garenne, du bain Auguste et de Désaix, viennent en seconde ligne. Les buvettes de la Pyramide, du Petit-Moulin, de Chevarier et du Petit-Rocher sont de minces filets sans importance.

---

(1) Les dépôts calcaires manquent dans le voisinage des fontaines très-rapprochées de la rivière; mais on observe des incrustations sur les rochers que baigne la source Désaix, et des travertins sur le territoire des Bordats.

NOMS DES SOURCES.	Thermomètre centigrade.	Nombre de litres à la minute.
		(1)
Bain chaud, au Méritis..........	$+$ 37 à 38	160
— tempéré, *idem*............	$+$ 36 à 37	90
— frais ou bain Julie, *idem*....	$+$ 31 à 32	20
— Auguste, *idem*...........	$+$ 31 à 32	20
— de la Rotonde, aux Bordats.	$+$ 31	80
— du Petit-Rocher, *idem*......	$+$ 30 à 31	71
Fontaine Lacroix...............	$+$ 12 à 12,3	»
— du Petit-Moulin.......	$+$ 15,75	»
— Désaix...............	$+$ 16	»
— de la Garenne.........	$+$ 19	»
— du Petit-Rocher........	$+$ 20	»
— de la Pyramide........	$+$ 26	»
— Chevarier............	$+$ 30	»

Les analyses des sources de Châteauneuf, publiées par les auteurs, offrent des dissemblances notables. Ces dissemblances peuvent tenir, soit aux méthodes suivies par les chimistes, soit à des différences réelles portant sur la proportion de certains éléments.

Ce qu'il y a de certain, c'est que l'acide carbonique prédomine parmi les substances gazeuses; la quantité d'azote, d'oxigène et surtout d'hydrogène sulfuré est très-minime. La présence de ce dernier fluide a seulement été indiquée dans les eaux de Chevarier, du Grand-Bain et du bain Auguste; mais elle n'a point été constatée à l'aide des réactifs par MM. Vallet et

(1) Le volume des sources a été mesuré par le régisseur du Bain chaud en 1845.

Salneuve. Nous ne savons point si M. Bertrand a eu recours à ces derniers moyens d'investigation.

Parmi les substances salines, il faut placer au premier rang le bicarbonate de soude; au second le chlorure de sodium et le bicarbonate de chaux; au troisième, les carbonates de fer et de magnésie, le sulfate de soude, les sels de potasse et la silice (1).

Ces courtes réflexions suffisent pour faire apprécier la composition chimique des sources minérales de Châteauneuf; mais il convient de donner des chiffres, et nous allons citer ceux de Vallet, quoiqu'ils ne soient pas tout à fait exacts:

SOURCES—BUVETTES.

Analyses de Vallet.	Petit-Rocher.	Cheva-rier (2).	La Ga-renne.	Petit-Moulin.	La Py-ramide.
	Gram.	Gram.	Gram.	Gram.	Gram.
Carbonate de soude.....	2,050	1,520	1,100	1,030	1,030
Sulfate de soude......	0,020	0,240	0,120	0,190	0,150
Chlorure de sodium	0,040	0,260	0,160	0,160	0,190
Carbonate de magnésie...	»	0,240	0,020	0,050	0,030
— de fer......	»	»	0,050	traces.	»
— de chaux....	0,350	0,250	0,400	0,160	0,200
Silice............	»	»	»	»	»
Hydrogène sulfuré.....	»	traces.	»	»	»
TOTAL des sels par litre d'eau....	2,460	2,510	1,850	1,590	1,600

(1) Plusieurs de ces substances manquent-elles dans certaines sources de Châteauneuf, comme le dit Vallet? Cette assertion a besoin d'être confirmée.

(2) Ancienne baignoire du Rocher (Vallet).

SOURCES—BUVETTES.

Analyses calculées.	Petit-Rocher.	Cheva-rier.	La Ga-renne.	Petit-Moulin.	La Py-ramide.
	Gram.	Gram.	Gram.	Gram.	Gram.
Bicarbonate de soude....	2,887	2,145	1,556	1,453	1,453
Sulfate de soude......	0,020	0,240	0,120	0,190	0,150
Chlorure de sodium....	0,040	0,260	0,160	0,160	0,190
Bicarbonate de magnésie..	»	0,364	0,033	0,075	0,030
— de fer.....	traces.	traces.	0,068	traces.	traces.
— de chaux...	0,502	0,369	0,574	0,219	0,288
Silice...........	»	»	»	»	»
Hydrogène sulfuré.....	»	traces.	»	»	»
TOTAL des sels par litre d'eau....	3,449	3,378	2,511	2,097	2,111

SOURCES DES BAINS.

Analyses de Vallet.	Bain chaud.	Bain tempér.	Bain Auguste (1).	Bain de laRoton-de (2).	Bain du Rocher (3).
	Gram.	Gram.	Gram.	Gram.	Gram.
Carbonate de soude.....	1,650	1,800	1,830	1,820	0,537
Sulfate de soude......	0,190	0,270	0,320	0,030	0,060
Chlorure de sodium....	0,220	0,230	0,410	0,030	0,064
Sulfate de potasse......	»	0,050	»	»	»
Carbonate de magnésie...	0,070	0,060	0,040	0,030	»
— de fer......	»	traces.	traces.	»	»
— de chaux....	0,230	0,250	0,360	0,200	0,071
Silice...........	»	0,020	»	»	»
Hydrogène sulfuré.....	traces	»	traces.	»	»
TOTAL des sels par litre d'eau....	2,360	2,680	2,960	2,110	0,732

Vallet s'est borné à signaler les doses de sels four-

(1) Ancienne fontaine du Grand- Bain au Méritis.

(2) Bain de Bordat, de Vallet.

(3) Des fouilles nouvelles ont arrêté les infiltrations d'eau douce et augmenté la température et la proportion des sels. Un litre d'eau de cette source nous a laissé , en 1845 , 240 centi-grammes de résidu.

nies par l'analyse quantitative. Il n'a pas tenu compte
des substances insolubles dans les acides, et formées
en grande partie de silice.

La quantité totale de sels trouvée par lui est néces-
sairement moindre que celle obtenue en évaporant
un litre d'eau minérale. Les expériences, faites par
nous en 1845, confirment pleinement cette assertion;
en voici le résumé :

Grammes.

Un litre d'eau du G^d-Bain donne un résidu de 3,325
    — du Bain tempéré. 3,240
    — du bain Auguste. 3,320
    — du bain du Rocher. 2,400
    — De la source du Petit-Moulin. 2,240

En étudiant la composition chimique de la source
du Grand-Bain nous sommes arrivé aux données suivantes :

Analyse trouvée.	Gram.	Analyse calculée.	Gram.
Carbonate de soude. . .	1,7488	Bicarbonate de soude. .	2,4996
Sulfate de soude. . . .	0,4511	Sulfate de soude. · . . .	0,4511
Chlorure de sodium. . .	0,4344	Chlorure de sodium. . .	0,4344
Sels de potasse.	traces	Sels de potasse.	traces.
Carbonate de magnésie.	0,0500	Bicarbon^te de magnésie.	»
— de fer. . . .	0,0200	— de fer. . . .	0,2770
— de chaux. . .	0,2800	— de chaux. . .	0,4023
Alumine.	traces?	Alumine.	traces?
Silice.	0,0600	Silice	0,0600
Apocrénate de fer. . . .	traces.	Apocrénate de fer. . . .	traces.
Hydrogène sulfuré. . .	traces	Hydrogène sulfuré. . .	traces.
Matière organique. . .	traces	Matière organique. . .	traces.
Perte.	0,2807	Perte	0,2807
TOTAL des sels par litre d'eau. . . .	3,3250	TOTAL des sels par litre d'eau. . . .	4,4051

Propriétés médicinales.

Les eaux de la Rotonde et de Chevarier qui sont tièdes, et dans lesquelles prédomine le bicarbonate de soude, peuvent être prescrites avec succès dans les gastro-entéralgies simples et rhumatismales, dans la goutte, la gravelle, les calculs, les engorgements du foie et de la rate, et les catarrhes pulmonaires chroniques. Il est bien entendu que toutes ces affections ne seront point compliquées de fièvre ; de rougeur ou de sécheresse de la langue ; de gastrite ; de maladie grave du cœur ; et que l'usage des eaux ne provoquera ni soif vive, ni pesanteur dans le creux de l'estomac.

Les personnes affectées de dyspepsie, celles qui ont des inflammations chroniques des muqueuses génito-urinaires, feront usage des sources du Petit-Moulin, du Rocher, de la Pyramide ou de Désaix.

Les sources de Lacroix et de la Garenne sont plus spécialement employées dans la chlorose et l'anémie. Il arrive souvent que les idiosyncrasies des malades ou leur goût particulier obligent les médecins-inspecteurs à s'éloigner des règles précédemment tracées ; mais, en général, ils peuvent faire ces concessions sans beaucoup d'inconvénient, car les propriétés médicinales des diverses fontaines sont à peu près les mêmes.

Les douches et les bains, désignés sous le nom de Grand-Bain et de Bain tempéré, sont prescrits avec succès aux personnes affectées d'engorgements des articulations, de rhumatismes articulaires, musculaires et goutteux ; d'hydrarthroses, de névralgies, de paralysies, de tumeurs blanches et d'ankiloses incomplètes. Ordinairement on commence par le Bain tempéré, et on se plonge quelques jours plus tard dans le Bain chaud.

Les bains de la Rotonde, du Petit-Rocher, le bain Auguste et le Bain tempéré conviennent aux scrofuleux, aux rachitiques et aux personnes atteintes de gastralgies et d'engorgements utérins (1).

Les eaux très-légèrement sulfureuses de Chevarier, du Grand-Bain et du Méritis, sont utiles aux individus affectés de maladies dartreuses.

---

(1) Les bains frais du Rocher provoquent du côté de la peau une réaction très-prononcée, que M. Salneuve attribue à la grande quantité d'acide carbonique qu'ils contiennent.

www.ingramcontent.com/pod-product-compliance
Lightning Source LLC
Chambersburg PA
CBHW050455210326
41520CB00019B/6217